PURNE BLÜTEN

53. **Wiesen-Flockenblume**
Centaurea jacea

54. **Wiesen-Klee oder Rot-Klee**
Trifolium pratense

55. **Gefleckte Taubnessel**
Lamium maculatum

56. **Indisches Springkraut**
Impatiens glandulifera

57. **Gewöhnlicher Dost**
Origanum vulgare

58. **Stinkender Storchschnabel**
Geranium robertianum

59. **Rote Lichtnelke**
Silene dioica

60. **Wiesen-Sauerampfer**
Rumex acetosa

BLÄULICHE BIS VIOLETTE BLÜTEN

61. **Acker-Witwenblume**
Knautia arvensis

62. **Wegwarte**
Cichorium intybus

63. **Gamander-Ehrenpreis**
Veronica chamaedrys

64. **Nesselblättrige Glockenblume**
Campanula trachelium

65. **Gundermann**
Glechoma hederacea

66. **Kriechender Günsel**
Ajuga reptans

67. **Vogel-Wicke**
Vicia cracca

68. **Zaun-Wicke**
Vicia sepium

Blüten-pflanzen
am Wegesrand
im Vergleich

QUELLE & MEYER
BESTIMMUNGSKARTEN

WEISSE BLÜTEN

1. Giersch
Aegopodium podagraria

2. Schafgarbe
Achillea millefolium

3. Wiesen-Labkraut
Galium mollugo

4. Wilde Möhre
Daucus carota

5. Kletten-Labkraut
Galium aparine

6. Knoblauchsrauke
Alliaria petiolata

7. Weiß-Klee
Trifolium repens

8. Weiße Taubnessel
Lamium album

9. Wiesen-Bärenklau
Heracleum sphondylium

10. Wiesen-Kerbel
Anthriscus sylvestris

11. Hexenkraut
Circaea lutetiana

12. Hirtentäschel
Capsella bursa-pastoris

13. Vogelmiere
Stellaria media

14. Zottiges Knopfkraut
Galinsoga quadriradiata

15. Gänseblümchen
Bellis perennis

16. Margerite
Leucanthemum vulgare

GELBLICH

17. Aufrechtes Fingerkraut
Potentilla erecta

18. Gänse-Fingerkraut
Potentilla anserina

19. Nelkenwurz
Geum urbanum

20. Scharbockskraut
Ficaria verna

21. Huflattich
Tussilago farfara

22. Löwenzahn
Taraxacum officinale

23. Gemeiner Hornklee
Lotus corniculatus

24. Goldnessel
Lamium galeobdolon

GRÜNLICHE BLÜTEN

37. **Beifuß**
Artemisia vulgaris

38. **Große Brennnessel**
Urtica dioica

39. **Breit-Wegerich**
Plantago major

40. **Spitz-Wegerich**
Plantago lanceolata

41. **Frauenmantel**
Alchemilla vulgaris

42. **Strahlenlose Kamille**
Matricaria discoidea

43. **Stumpfblättriger Ampfer**
Rumex obtusifolius

44. **Vogel-Knöterich**
Polygonum aviculare

RÖTLCHE BIS PU

45. **Acker-Kratzdistel**
Cirsium arvense

46. **Gewöhnliche Kratzdistel**
Cirsium vulgare

47. **Braunelle**
Prunella vulgaris

48. **Beinwell**
Symphytum officinale

49. **Stechender Hohlzahn**
Galeopsis tetrahit

50. **Acker-Winde**
Convolvulus arvensis

51. **Wiesen-Schaumkraut**
Cardamine pratensis

52. **Moschus-Malve**
Malva moschata

E BLÜTEN

25. **Kriechender Hahnenfuß**
Ranunculus repens

26. **Scharfer Hahnenfuß**
Ranunculus acris

27. **Tüpfel-Johanniskraut**
Hypericum perforatum

28. **Jacobs-Greiskraut**
Senecio jacobaea

29. **Rainfarn**
Tanacetum vulgare

30. **Rainkohl**
Lapsana communis

31. **Wiesen-Platterbse**
Lathyrus pratensis

32. **Pastinak**
Pastinaca sativa

GRÄSER

33. **Deutsches Weidelgras**
Lolium perenne

34. **Glatthafer**
Arrhenatherum elatius

35. **Knaulgras**
Dactylis glomerata

36. **Wiesen-Fuchsschwanz**
Alopecurus pratensis

Bildnachweis:
Alle Bilder stammen von Gisela Tubes.

Projektberatung und Zusammenstellung:
Gisela Tubes

Weiterführende Literatur:
Düll/Kutzelnigg: Taschenlexikon der Pflanzen Deutschlands, 8. Auflage (ISBN 978-3-494-01616-0)
Lüder: Grundkurs Pflanzenbestimmung, 7. Auflage (ISBN 978-3-494-01615-3)

Druck: Zimmermann Druck + Verlag GmbH, Balve

ISBN 978-3-494-01682-5
Best.-Nr.: 494-01682

QUELLE & MEYER
BESTIMMUNGSKARTEN